Michael Reichert

Ergebnisse und Beispiele aus dem Bundes- und Landeswettbewerb "Unser Dorf hat Zukunft"

GRIN Verlag

Bibliografische Information der Deutschen Nationalbibliothek:

Die Deutsche Bibliothek verzeichnet diese Publikation in der Deutschen National-
bibliografie; detaillierte bibliografische Daten sind im Internet über http://dnb.d-
nb.de/ abrufbar.

Impressum:

Copyright © 2009 GRIN Verlag GmbH
Druck und Bindung: Books on Demand GmbH, Norderstedt Germany
ISBN: 978-3-656-35543-4

Dieses Buch bei GRIN:

http://www.grin.com/de/e-book/208088/ergebnisse-und-beispiele-aus-dem-bundes-
und-landeswettbewerb-unser-dorf

Seminarvortrag vom 24.07.2009
Ausgearbeitet von Michael Reichert

Bundes- und Landeswettbewerb "Unser Dorf hat Zukunft" – Erkenntnisse und Beispiele

Inhaltsverzeichnis

1. Geschichte des Dorfwettbewerbs

Der erste Bundeswettbewerb „Unser Dorf soll schöner werden" wurde 1961 auf Initiative der Deutschen Gartenbau-Gesellschaft 1822 e.V. durch das Bundesministerium für Ernährung, Landwirtschaft und Forsten ausgelobt. Zu Beginn des Wettbewerbs standen die Verschönerung der Dörfer mit Grün- und Blumenschmuck sowie die Verbesserung der dörflichen Infrastruktur im Fokus der Bemühungen. Neben der Verbesserung des Wohnwertes in den Dörfern nach den entbehrungsreichen Kriegsjahren versuchte man mit obigen Maßnahmen, ebenfalls der zunehmenden Abwanderung in den urbanen Raum zu begegnen. So sollte das ländliche Leben dem Komfort der Stadt nicht mehr nachstehen[1].

In den 1970er Jahren mündete das Bemühen um die „Schaffung gleichwertiger Lebensbedingungen"[2] in Förderrichtlinien und –programmen. Somit hatte die Dorfentwicklung ihren formalen und finanziellen Rahmen gefunden.

Die Gestaltungsmöglichkeiten des Wohn- und Lebensumfelds in den Dörfern wurden infolge der Kommunalreform in Nordrhein-Westfalen - von 1969 bis 1975 - beeinflusst. Dieser Verlust kommunaler Hoheit vieler Dörfer manifestierte sich allerdings nicht, wie befürchtet, in einem Identitätsverlust der Dorfgemeinschaften, sondern festigte sogar das gesellschaftspolitische Verantwortungsbewusstsein in den Dörfern.

„Vor diesem Hintergrund erfuhr der Dorfwettbewerb eine umfassende Zielformulierung: Seine Aufgabe wurde fortan in der notwendigen gesellschaftspolitischen und strukturellen Neuorientierung des ländlichen Raumes erkannt. Damit gewann der Wettbewerb an Komplexität (...)".[3] Neben dem Komplexitätsgewinn nahm auch das Bewusstsein um die Bedeutung baulicher Strukturen zu.

Zusätzlich wurden sechs Bewertungskriterien entwickelt, um den Fokus weg vom Verschönerungsaspekt hin zu grundsätzlichen und umfassenden Merkmalen der Lebensqualität zu lenken.

Mit der Neuformulierung des Wettbewerbs im Jahr 1998 wurde vor dem Hintergrund des beschleunigten Strukturwandels in der Landwirtschaft und unter dem Eindruck der Konferenz von Rio (1992) der Nachhaltigkeitsgedanke fest etabliert. So soll der Wettbewerb nun die „ganzheitliche und nachhaltige Entwicklung der Dörfer"[4] fördern. Programmatischen Ausdruck findet dies in der Umbenennung des Dorfwettbewerbs in „Unser Dorf soll schöner werden – Unser Dorf hat Zukunft".

Trotz leicht rückläufiger Teilnehmerzahlen gehört der Dorfwettbewerb auch weiterhin zur „bedeutendsten Breitenbewegung"[5] des ländlichen Raums in Nordrhein-Westfalen. Seit seinen Anfängen haben sich alleine in NRW mehr als zwei Millionen Bürgerinnen und Bürger in ca. 2.000 Dörfern am Wettbewerb beteiligt. Die Entwicklung der Teilnehmerzahlen soll in nachstehender Abbildung verdeutlicht werden:

---

[1] vgl. HEIMER & HERBSTREIT 2004
[2] HEIMER & HERBSTREIT 2004
[3] ebd.
[4] ebd.
[5] ebd.

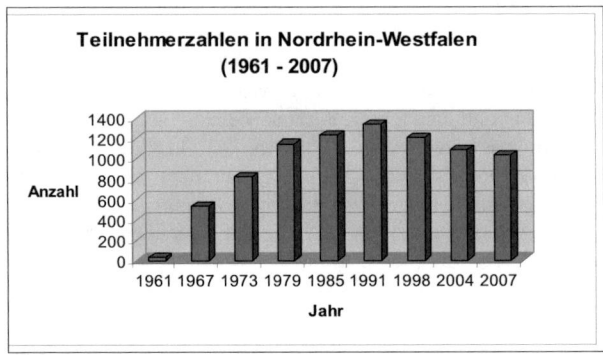

Abb. 1: Teilnehmerzahlen in NRW (Eigene Grafik nach Landwirtschaftskammer NRW 2008)

2. Teilnahmebedingungen

Am Dorfwettbewerb sind „räumlich geschlossene Gemeinden oder Gemeindeteile mit überwiegend dörflichem Charakter mit bis zu 3.000 Einwohnern"[6] teilnahmeberechtigt. Der Begriff des dörflichen Charakters wird jedoch nicht näher definiert, so dass heute Ortsteile in Verdichtungsgebieten bzw. Ballungsrandzonen ebenso zum Dorfwettbewerb gemeldet werden können wie traditionell landwirtschaftlich geprägte Ortschaften.[7]

Gemeinden oder Gemeindeteile, d.h. Dörfer, die eine Goldplakette beim letzten Bundesentscheid erhalten haben, ist die Teilnahme an den beiden folgenden Bundesentscheiden versagt.

Für Dörfer, die zweimal in Folge mit gleicher oder niedrigerer Platzierung beim Bundesentscheid abgeschnitten haben, ist die Teilnahme am folgenden Bundesentscheid nicht möglich. Diese Regelung soll ermöglichen, dass die sog. „ewigen Silberdörfer", die in ihrer Entwicklung auf hohem Niveau stagnieren, Platzierungen freigeben für neue aufstrebende Dörfer[8].

Voraussetzung für die Meldung zu Landes- und Bundesentscheiden ist die Nominierung auf vorhergehender Ebene. Auf der Grundlage eines Teilnahmeschlüssels, der von der nächsthöheren Ebene vorgegeben wird, erfolgt die Benennung der Sieger. Grundsätzlich gilt aber, je mehr Teilnehmer am Wettbewerb antreten, umso mehr Sieger dürfen auf der nächsten Ebene teilnehmen.

---

[6] BMELV 2007
[7] vgl. HEIMER & HERBSTREIT 2004
[8] ebd.

Jedes Land kann bei der Beteiligung			
	bis zu	100 Teilnehmern	1 Landessieger
von	101	bis 300 Teilnehmern	2 Landessieger
von	301	bis 500 Teilnehmern	3 Landessieger
von	501	bis 700 Teilnehmern	4 Landessieger
von	701	bis 900 Teilnehmern	5 Landessieger
von	901	bis 1.100 Teilnehmern	6 Landessieger
von	1.101	bis 1.300 Teilnehmern	7 Landessieger
	über	1.300 Teilnehmer	8 Landessieger
	je zusätzliche 200 Teilnehmer		1 Landessieger zusätzlich
melden.			

Abbildung 2: Teilnahmeschlüssel auf Bundesebene (BMELV 2007)

Exemplarisch zeigt Abbildung 2 den Teilnahmeschlüssel auf Bundesebene. Da in Nordrhein-Westfalen im Jahr 2007 1.042 Gemeinden oder Gemeindeteile am Dorfwettbewerb teilgenommen haben, konnte das bevölkerungsreichste Bundesland so sechs Landessieger nominieren.

3. Inhalte und Ziele

Als eines der wichtigsten Ziele des Dorfwettbewerbs „Unser Dorf hat Zukunft" wird die Verbesserung der Zukunftsperspektiven in den Dörfern gesehen. Hiermit soll auch eine Steigerung der Lebensqualität in den ländlichen Räumen einhergehen.[9]

Der Dorfwettbewerb soll dazu beitragen, das Verständnis der Bevölkerung für ihre eigenen Einflussmöglichkeiten zu stärken und dadurch die bürgerschaftliche Mitwirkung zu intensivieren. Weiterhin sollen die „individuellen Ausgangsbedingungen"[10] der Dörfer erfasst und gemeinschaftliche Perspektiven hierfür erarbeitet werden. Die vorhandenen Kräfte und Instrumente sollen gebündelt werden, um mögliche Synergieeffekte aus dem gemeinsamen Handeln zu nutzen. In diesem Kontext wird auch der Qualität der Zusammenarbeit zwischen den verschiedenen kommunalen und staatlichen Institutionen, Vereinen und sonstigen Gruppierungen im Dorf hohe Bedeutung beigemessen. Als wichtiger Teil der "weichen Standortfaktoren" wird ebenfalls die dörfliche Identität gesehen. Diese gilt es zu stärken und das soziale Miteinander zwischen den Generationen, Volksgruppen, Alt- und Neubürgern weiter auszubauen. Eine Auseinandersetzung mit den Zukunftschancen der Kinder und jungen Menschen - insbesondere auch der jungen Frauen - soll mit dem Dorfwettbewerb ebenso intensiviert werden, wie auch die stärkere Einbeziehung älterer Bürgerinnen und Bürger.

Als zentrale Vorzüge ländlichen Lebens werden die unmittelbare Nähe zu Erholungsräumen und Naturerlebnismöglichkeiten angesehen. Neben dem Schutz bedrohter Pflanzen- und Tierarten und ihrer Lebensräume soll ebenfalls die Entwicklung und Erhaltung obiger Naturraumpotentiale im Fokus der Dorfgemeinschaften stehen.

4. Bewertungsbereiche

Unter Beachtung der jeweiligen Ausgangslage und den individuellen Möglichkeiten der Einflussnahme werden die Leistungen der Dörfer im Rahmen des Dorfwettbewerbs bewertet. Das Gesamturteil wird gebildet aus der fachlichen Bewertung der fünf Einzelbereiche, die im kommenden Abschnitt näher erläutert werden, und einer ergänzenden

---

[9] Vgl. BMELV 2007
[10] BMELV 2007

Querschnittsbeurteilung der Einzelbereiche hinsichtlich ihrer ökologischen, wirtschaftlichen und ganzheitlichen Ausrichtung.[11]
Die maximal erreichbare Punktzahl je Bewertungsbereich wird in nachstehender Abbildung dargestellt:

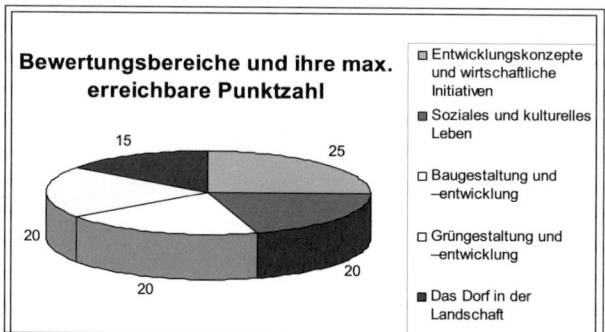

Abb. 3: Bewertungsbereiche und ihre Punktzahl (Eigene Grafik nach www.umwelt.nrw.de)

4.1 Entwicklungskonzepte und wirtschaftliche Initiativen

„Die Entwicklung der Dörfer wird durch kontinuierliche, zum Teil abrupte Veränderungen des gesellschaftlichen und natürlichen Umfeldes beeinflusst. Neben den geographischen, historischen und wirtschaftlichen Rahmenbedingungen spielt der demografische Wandel hierbei eine wesentliche Rolle"[12]. Die aktive Mitgestaltung an den notwendigen Anpassungsprozess ist Gegentand dieses Bewertungsbereichs. Von den Bürgern und den Kommunen gemeinsam entwickelte Leitbilder und Entwicklungsstrategien - Ideen, Konzepte und Planungen – sollen dazu beitragen, den unverwechselbaren Dorf- und Landschaftscharakter zu erhalten, die wirtschaftlichen Potentiale zu nutzen und die Lebensqualität zu verbessern[13]. Gemeindeübergreifende Zusammenarbeit sowie die Einbindung der Planung in regionale und überregionale Entwicklungskonzepte werden hier von vielen Dörfern angestrebt, da so auch die Potentiale der umliegenden Orte besser berücksichtigt und genutzt werden können.
Im Bereich wirtschaftlicher Initiativen werden Maßnahmen gewürdigt, die Arbeitsplätze sichern, neue schaffen sowie unternehmerische Eigeninitiativen fördern. Insbesondere flexible Lösungen zur Grundversorgung der Bewohner, im Bereich Mobilität sowie die Verbesserung der technischen Infrastruktur werden anerkannt. Konkrete Maßnahmen, die es für Dorfgemeinschaften zu leisten gilt, bestehen u.a. in der Erhaltung von Geschäften der Nahversorgung, Anbindung an den ÖPNV, Verbesserung der Telekommunikation, nachhaltige Energieversorgung sowie im Bereich Naherholung und Tourismus.[14]

---

[11] vgl. BMELV 2008
[12] BMELV 2008
[13] vgl. BMELV 2007
[14] MINISTERIUM FÜR UMWELT UND NATURSCHUTZ, LANDWIRTSCHAFT UND VERBRAUCHERSCHUTZ DES LANDES NORDRHEIN-WESTFALEN 2007

4.2 Soziales und kulturelles Leben

Die aktive Mitwirkung der Bürgerinnen und Bürger bei der Gesamtentwicklung ihres Dorfes stärkt das soziale und kulturelle Zusammenleben und verbessert die Lebensqualität der Dorfbewohner. Die Förderung des Gemeinschaftslebens und die Integration von Einzelpersonen oder Gruppen aller Altersstufen und von Neubürgern lassen sich insbesondere durch Angebote und Einrichtungen im sozialen, kirchlichen, kulturellen und sportlichen Bereich fördern[15]. Insbesondere die Einbindung von Jugendlichen, Senioren und Neubürgern in das Dorfleben gilt als eine der größten Herausforderungen in diesem Bewertungsbereich.

Konkrete Maßnahmen bestehen hier in der Erhaltung oder Verbesserung von Einrichtungen zum Nutzen aller Dorfbewohner sowie in der Gestaltung und Entwicklung des Dorflebens durch Beiträge von Bürgerinitiativen, Jugendgruppen und Vereinen. Neben der Förderung der Jugendarbeit sowie der Förderung und Erhaltung von Dorftraditionen stehen auch Nutzungskooperationen von gemeindlichen Einrichtungen mit benachbarten Dörfern auf der Agenda.[16]

4.3 Baugestaltung und -entwicklung

Dieser Bewertungsbereich beschäftigt sich mit einer zukunftsorientierten Dorfentwicklung, die insbesondere durch Baugestaltung und -entwicklung sowie raumsparendes Flächenmanagement gekennzeichnet ist. „Die Lebens- und Wohnqualität eines Dorfes, sein Charakter, werden maßgeblich durch die Erhaltung, Pflege und Entwicklung ortsbildprägender Bausubstanz mit bestimmt"[17]. Hierbei steht eine sinnvolle Verzahnung von traditionellen und modernen Elementen im Vordergrund. So sollen neue Gebäude und Baugebiete dem historischen Orts- und Landschaftscharakter, jeweils unter Beachtung regional- und ortstypischer Bauformen und –materialien, angepasst werden.

Mögliche Maßnahmen bestehen in der Erstellung von Ordnungsrahmen wie Gestaltungssatzungen oder Bebauungsplänen, sinnvoller Umnutzung z.B. ehemals landwirtschaftlich genutzter Gebäude sowie in der dorfgerechten Gestaltung des Straßenraums hinsichtlich der Farb-, Material- und Formwahl.[18]

4.4 Grüngestaltung und –entwicklung

Das Grün im Dorf sowie die dörfliche Gartenkultur haben wesentlichen Einfluss auf eine harmonische Dorfgestaltung und die Wohn- und Lebensqualität im Dorf. Zudem wird die Qualität des Naturhaushaltes durch die Vernetzung mit der umgebenden Landschaft sowie der Förderung vielfältiger naturnaher Lebensräume maßgeblich geprägt. Damit wird die Artenvielfalt der regional- und dorftypischen Tier- und Pflanzenwelt erhalten bzw. gefördert.

Mögliche Maßnahmen bestehen in der Begrünung von Dorfplätzen, Straßen, Friedhöfen, öffentlichen Freiflächen u.a. unter Verwendung standortgerechter, heimischer Bäume und Sträucher.[19]

Die derzeit größte Herausforderung in diesem Bewertungsbereich bilden Gewerbe- und Neubaugebiete, die vielerorts noch nicht eingegrünt sind. Durch oben genannte Maßnahmen

---

[15] vgl. BMELV 2007
[16] MINISTERIUM FÜR UMWELT UND NATURSCHUTZ, LANDWIRTSCHAFT UND VERBRAUCHERSCHUTZ DES LANDES NORDRHEIN-WESTFALEN 2007
[17] BMELV 2007
[18] MINISTERIUM FÜR UMWELT UND NATURSCHUTZ, LANDWIRTSCHAFT UND VERBRAUCHERSCHUTZ DES LANDES NORDRHEIN-WESTFALEN 2007
[19] ebd.

sowie der Anwendung von z.B. Gestaltungsrichtlinien kann ihr zukünftig eine Abhilfe geschaffen werden.

4.5 Das Dorf in der Landschaft

Bei der Sicherung des Naturhaushalts sind die Einbindung des Dorfes in die Landschaft, die Gestaltung des Ortsrandes sowie die Erhaltung, Pflege und Entwicklung charakteristischer Landschaftselemente besonders zu beachten. Die Steigerung der Vielfalt an naturnahen Landschaftsbestandteilen, wie Hecken, Feldgehölzen, Teichen, Feuchtbiotopen sichert die Lebensräume für Pflanzen und Tiere und kommt somit auch dem Dorf zu gute.[20]
Mögliche Maßnahmen der Dorfgemeinschaft liegen in der Eingrünung von Gebäuden am Ortsrand sowie von landwirtschaftlichen und gewerblichen Betrieben außerhalb der Ortslage mit standortgerechten Gehölzen.

5. Bewertungskommission

Die Bundesbewertungskommission wird vom Bundesministerium für Ernährung, Landwirtschaft und Forsten berufen. Im Wettbewerbsturnus 2007 setzte sie sich aus Vertretern der folgenden Institutionen zusammen: Bürgermeister aus zwei Gemeinden (Vorsitz), Bundesministerium für Verbraucherschutz, Ernährung und Landwirtschaft (stellvertretender Vorsitz), Bundesanstalt für Landwirtschaft und Ernährung (Geschäftsführung) , Deutscher Städte- und Gemeindebund , Deutscher Landfrauen-Verband, Zentralverband Gartenbau e.V., Bund Heimat und Umwelt, Bundesamt für Naturschutz, Deutscher Landkreistag zusammen. Die achtköpfige Bundesbewertungskommission hat im Herbst 2007 etwa 5.500 Kilometer zurückgelegt und die 34 teilnehmenden Dörfer – von ursprünglich 3.925 Dörfern aus 13 Bundesländern - jeweils 2,5 Stunden besucht.[21]

6. Auszeichnungen und Finanzierung

Den teilnehmenden Dörfern am Bundeswettbewerb werden Gold-, Silber- und Bronzemedaillen sowie Urkunden verliehen. Im vorgeschalteten Landeswettbewerb Nordrhein-Westfalen sind obige Auszeichnungen ebenfalls mit Geldpreisen verbunden. Zudem werden auf Landesebene Sonderpreise vergeben, die für beispielhafte Leistungen auf Teilgebieten (zum Beispiel ökologische Maßnahmen, soziale und kulturelle Leistungen, unternehmerische Initiativen, Dorfmarketing oder besondere gestalterische Details) vorgesehen sind.
Der Dorfwettbewerb „Unser Dorf hat Zukunft" stellt kein eigenes Finanzierungsinstrument dar. Lediglich die Durchführung des Wettbewerbs wird aus Haushaltsmitteln des Bundesministeriums für Umwelt und Naturschutz, Landwirtschaft und Verbraucherschutz gewährleistet. Die anspruchsvollen Wettbewerbsziele können jedoch weder die Kommunen noch Dorfgemeinschaften oder Privatpersonen in den Dörfern allein aufbringen. So sind die vielfältigen Aktivitäten im Rahmen des Dorfwettbewerbs eng verbunden mit den verschiedenen Förderprogrammen für den ländlichen Raum. Die Dorfgemeinschaften, die sich über Verwaltungen um die Fördermittel bewerben, leisten zudem mit ihrem umfangreichen Engagement einen wesentlichen Beitrag zum Eigenanteil, der für die Gewährung der Mittel nötig ist. Neben den großen, langfristig wirksamen

---

[20] Vgl. BMELV 2007
[21] Vgl. BMELV 2008

Strukturprogrammen der Europäischen Union werden zunehmend auch kurzfristige Pilotprojekte durch die Dorfgemeinschaften in Anspruch genommen.[22]

7. Ablauf und aktuelle Wettbewerbsperiode

Die Durchführung des Dorfwettbewerbs ist von unten nach oben angelegt. So finden zunächst die Kreisentscheide statt, die i.d.R. in den Händen der zuständigen Kreisverwaltungen liegen. Die Bewertungskommissionen werden häufig vom jeweiligen Landrat geleitet. In besonders teilnehmerstarken Kreisen sind z.T. Gemeindewettbewerbe zur Qualifikation für den Kreiswettbewerb vorgeschaltet. Manche Länder führen auch Regional- oder Bezirkswettbewerbe durch.

Die Kreise nominieren ihre Sieger, die Anzahl ergibt sich aus dem Teilnahmeschlüssel der jeweiligen Ebene, die dann am Landesentscheid teilnehmen. Die Durchführung auf Landesebene obliegt den jeweiligen Umweltministerien der Länder, die z.B. in Nordrhein-Westfalen die Landwirtschaftskammer mit der Durchführung betrauen. Die Landessieger dürfen am Bundeswettbewerb teilnehmen, wobei den Siegern des Bundesentscheides die Möglichkeit offeriert wird, am europäischen Dorferneuerungswettbewerb teilzunehmen und so in den Wettstreit mit europäischen Dörfern zu treten.[23]

In der aktuellen Wettbewerbsperiode wurden im Jahr 2008 die Kreisentscheide durchgeführt. Im Jahr 2009 findet nun der Landeswettbewerb statt. Hierfür wird die Landesbewertungskommission im August und September dieses Jahres die teilnehmenden Dörfer bereisen. Die Sieger ermitteln schließlich die Bundessieger 2010.

8. Fallbeispiel: Jülich-Barmen

Barmen ist ein Stadtteil von Jülich und liegt im nördlichen Bereich des Kreises Düren. Die etwa 1400 Einwohner zählende Ortschaft liegt geschützt am Hang des Rurtales in der Jülich-Zülpicher Börde. Der Ort besteht aus dem historischen Ortskern am Rand des Rurtales und drei größeren Neubaugebieten.

Im bisherigen Verlauf des Dorfwettbewerbs konnte man bereits einige Erfolge verbuchen. So erhielt Barmen beim Kreis- und Landeswettbewerb 1979 und 1981 die Silber-Medaille; im Jahr 2005 sowie auch in der aktuellen Wettbewerbsperiode wurde man Sieger des Kreisentscheides und darf bzw. durfte am Landeswettbewerb teilnehmen.

Zu den Stärken des Dorfes zählen neben dem Naturraumpotential – Barmen ist u.a. von fünf Naturschutzgebieten umrahmt und durchzogen – auch die Sicherstellung der Grundversorgung über ein Pilotprojekt des Landes NRW. „Die Barmener haben in Eigenregie unter Förderung des Landes, in Zusammenarbeit mit dem Kreis Düren, der Stadt Jülich und dem Amt für Agrarordnung in Euskirchen ihr DORV [**D**ienstleistung und **O**rtsnahe **R**undum**V**ersorgung, Anm. d. Verf.] -Nahversorgungszentrum (…) geschaffen"[24]. Somit wurde die Grundversorgung mit Lebensmitteln, Dienstleistungen und Sozialleistungen sichergestellt. Inzwischen ist es den Bürgern gelungen über das DORV-Zentrum einen praktischen Arzt im Rahmen einer Zweitarztpraxis anzuwerben.

---

[22] MINISTERIUM FÜR UMWELT UND NATURSCHUTZ, LANDWIRTSCHAFT UND VERBRAUCHERSCHUTZ DES LANDES NORDRHEIN-WESTFALEN 2007

[23] vgl. HEIMER & HERBSTREIT 2004

[24] www.regiomanagement.de/barmencws/front.contest.php

Weiterhin wurde das Jugendzentrum des Dorfes komplett in Eigenleistung durch Eltern und Jugendliche ausgebaut. „Fehlende Kindergartenplätze haben die Eltern Barmens selbst geschaffen." [25]

Zu den Schwächen der Ortschaft zählen u.a. die Verkehrsbelastung – eine wirkliche Entlastung kann hier nur mittels einer angestrebten Ortsumgehung realisiert werden – enge Straßenführungen mit wenig Gestaltungsmöglichkeiten, Planungsfehler im jüngsten Neubaugebiet, Siedlungsraum im Überschwemmungsgebiet bzw. kein Platz für neuen Siedlungsraum sowie eine Versorgungslücke im Bereich Breitband.

Seit der letzten Teilnahme am Landesentscheid 2005 präsentiert sich Barmen weiter als ein „Dorf im Wandel"[26]. So konnte die Kinderbetreuung weiter ausgebaut werden, ebenso wie zusätzliche Angebote im Bereich des DORV-Konzepts. Neben der Einrichtung einer DSL-Anbindung durch einen privaten Betreiber wurde ebenfalls ein Seniorenhandwerkerdienst und ein Seniorenpflegedienst eingerichtet.

Am Montag, den 17.08.2009 wird die Landesbewertungskommission von 13 bis 15 Uhr in Barmen, als eines der ersten Dörfer der Begehungsroute im Rheinland, verweilen. Zwar wird das Ergebnis erst am 13.09.2009 durch Minister Eckhard Uhlenberg bekannt gegeben, doch dürfen sich die Barmener aufgrund ihrer Eigeninitiative, Bürgerbeteiligung und ehrenamtlichen Einsatzes berechtige Hoffnungen auf einen der vorderen Plätze machen.

9. Kritik und Potentiale des Dorfwettbewerbs

Der besondere Wert des Wettbewerbs liegt in seiner Kontinuität und Stetigkeit. Daher sollte „nicht zu viel ändern" als Leitmotiv gelten, um auch zukünftig in den Dorfgemeinschaften auf Verständnis zu treffen. Ein weiteres Optimierungspotential besteht in der Stärkung des Aspektes „… - Unser Dorf hat Zukunft" mit einer deutlicheren Fokussierung auf nachhaltige, integrierte Entwicklungsansätze. Ebenso schlägt das Planungsbüro Heimer und Herbstreit eine Optimierung qualifizierter Beratungs- und Informationsangebote für die Dörfer und Wissenstransfer zwischen den Akteuren der ländlichen Entwicklung vor. Weiterhin soll das Wettbewerbsverfahren weiterentwickelt werden; so muss es eine durchgängige Transparenz der Bewertungskriterien zwischen den drei bis vier Ebenen des Systems geben. Ebenso soll der aktuelle Wettbewerbsgedanke besser in der Öffentlichkeit kommuniziert werden.[27]

10. Fazit

Der Dorfwettbewerb „Unser Dorf hat Zukunft" stellt aufgrund seiner Flexibilität und Anpassungsfähigkeit an aktuelle Herausforderungen ein wirkungsvolles Instrument für die Entwicklung der Dörfer dar. Der Wettstreit der Dörfer motiviert die Dorfgemeinschaften zu Ideenreichtum und Selbsthilfe und hilft dringende Entwicklungsaufgaben vor Ort zu lösen. Dadurch fördert der Dorfwettbewerb ehrenamtliche Initiativen, deren Bedeutung für die Lösung gesellschaftlicher Aufgaben – in Zeiten leerer kommunaler Haushalte – zukünftig erheblich wachsen wird.[28]

Die Zielstellungen des Wettbewerbs entsprechen den aktuellen Herausforderungen des ländlichen Raums, sind jedoch noch nicht tiefgreifend im Wirken der Dorfgemeinschaften

---

[25] ebd.
[26] www.regiomanagement.de/barmencws/front.contest.php
[27] vgl. HEIMER & HERBSTREIT 2004
[28] ebd.

und im Verständnis der Bewertungskommissionen verankert. So bedarf es eines Image- und Kommunikationskonzeptes um auch den Nachhaltigkeitsgedanken weiter zu etablieren. Eigeninitiative und Eigenverantwortung können den Rückzug von Versorgungsangeboten und sozialen Sicherungssystemen mit ausgleichen sowie kommunale Aufgaben ergänzen.[29]

Literatur

BUNDESMINISTERIUM FÜR ERNÄHRUNG, LANDWIRTSCHAFT UND VERBRAUCHERSCHUTZ: „Unser Dorf hat Zukunft" – Abschlussbericht zum 22. Bundeswettbewerb 2007, Bonn, 2008.

HEIMER & HERBSTREIT: Bilanzierende Untersuchung in Nordrhein-Westfalen: „Unser Dorf soll schöner werden – Unser Dorf hat Zukunft" – Schlussbericht, Bochum, 2004.

MINISTERIUM FÜR UMWELT UND NATURSCHUTZ, LANDWIRTSCHAFT UND VERBRAUCHERSCHUTZ DES LANDES NORDRHEIN-WESTFALEN: Unser Dorf hat Zukunft – Ausschreibung des Landeswettbewerbs 2008/2009, Düsseldorf, 2007.

www.dorfwettbewerb.de (Stand 20.07.2009)
www.dorfwettbewerb.bund.de (Stand 20.07.2009)
www.regiomanagement.de/barmencws/front.contest.php (Stand 20.07.2009)
www.umwelt.nrw.de (Stand 20.07.2009)

---

[29] ebd.